Spiritual Culture
青心文化

在阅读中疗愈·在疗愈中成长

READING & HEALING & GROWING

A Mini Course for Life

改写一生的
迷你课程

[美] 杰拉尔德·G.扬波尔斯基博士
[美] 石黛安博士 　／著

若水 ／ 译

中国青年出版社

谨以此书献给每个人心中本具的灵性，

在觉醒的路上，为世界带来光明。

本书的内容乃是根据杰拉尔德·G.扬波尔斯基医师及石黛安博士的其他著作延伸出来的新资料。书中的主要观念与练习的标题都是直接引用《奇迹课程》一书。在此一并致谢。

目 录 ╲ contents

推荐序 ╲ I

导　言 ╲ III

第一章 改写一生的迷你课程 ╲ 001

第二章 每日一课 ╲ 023

第三章 心态疗愈法的基本原则 ╲ 097

作者简介 ╲ 123

推荐序

我由衷地推崇这本《改写一生的迷你课程》(以下简称"《迷你课程》"),因为我亲自操练过,它确实改变了我的一生。人间没有比爱的光热更珍贵之物,也没有比真理更值得追寻了。这本《迷你课程》帮我穿越了爱的障碍,例如我的判断、积怨、内疚以及不愿宽恕的心态。我相信只要愿意放下恐惧,我们全都能为人类尽一份心力。我也相信,只要我们竭尽心力为人类服务,世界必会改善的。

我们都有责任为世界带来和平、爱、喜悦与和谐,但我们必须先行寻回自己的平安,才可能把内在的平安与爱传递给我们所遇到或想到的人。这本小册子能点燃你的心火,让你感受到自己与芸芸众生都是同一个生命。

我这一生很幸运,能透过音乐传达我内心对世人的爱,我相信每一个人都有自己的天分与特长,得以尽其所能地传播无条件的爱,成为世界的光明,将人类由痛苦的暗夜拯救出来。

分裂的日子已逝,合一的时辰到了,如今是我们表达爱的良机,让我们欢唱共舞吧,用爱的眼光消融心中的憎恨与愤怒。愿你像我一样,让这本《迷你课程》成为此生忠实的道友。

卡萝 · 桑塔娜

导　言

你这一生究竟在追求什么？是否想要活得更有活力，对生命充满热情？你是否希望活得心安理得？不再忧虑、不再恐惧？你是否很想摆脱心理上的痛苦、郁闷、悲伤与焦虑？让你和他人以及与自己的关系常常处于爱的氛围？你是否想要学习疗愈自己所有不愉快的人际关系？

你是否愿意更进一步学习如何放下谴责及内疚，羞愧与负面的念头？让自己的人生与周遭世界显得更光明，而且充满希望？你是否准备好学习释放过去的沧桑，让自己能充分地活在当下？你难道不希望自己的余生不再伤害或攻击自己或任何一个人？

你难道不想化解自己的愤怒，更乐于宽恕他人与自己？你可愿意学习清除加在你自己身上的种种心障，使你的人生更加丰富，充满爱的互动，更加成熟，而且成功？

如果你对这些问题的答案是"是"，这本《迷你课程》就是为你而写的。在十八天内，每天只需操练几分钟，你会惊讶地发现，你对自己的感觉、对别人的观感，甚至整个世界观、人生观都彻底改变了。

《迷你课程》为你的老问题提供了新的出路，为你未了的心结以及不良的人际关系提供了解决的途径。它的方案超乎种族、文化的限制,足以解决人生可能发生的所有问题。它会激励你活得更完美、更有信心,让你在生活的每一层面都活得心安理得。最难能可贵的是,它会拉近你和他人的距离,建立爱的关系。经此改变,你会感到如有天助,一生的剧本就此改写了。

这十八天的课程所传递的观念,在过去三十多年以来,已遍及五大洲、五十多个国家,不同文化、政治、经济、社会背景的人以及不同伦理观的家庭都深受其惠,成效斐然。本书的观点适用于所有的人生层面,从个人成长到人际关系,从偶发事件到全球问题,它都能提供一个更深更广的视角。

继续阅读下一部分之前，请容许我们再重复一下，这本《迷你课程》只是帮助你清除障碍，体验你生命爱的本质，并将这爱推及他人。本课程的内容就在于选择、改变以及治愈你的人际关系。最后，它赋予你能力，让你放下冲突，选择平安；放下恐惧，选择爱；成为发现爱而非发现别人的过错，能随时随地都教人爱的人。如此，你才可能在这一生活出你所有的潜能。

如何操练迷你课程

为了最大程度的从本课程中受益,我们建议按照以下步骤练习:

一、在这十八天中,每天早晨都先复习一遍第一章的内容,最好在你刚醒之后,愈早开始愈好。

二、在每天的复习结束后,就从练习卡的第一课开始:"今天我究竟想要平安还是冲突?"

三、以后请用同样的方式,进行其余的十七课。一天一课,轻松地花五分钟,阅读当天的课题,以及卡片背后的注解。

四、然后轻轻地撕下书后的练习卡，带在身边。从早到晚，不时抽空回味一下，把当天的课题运用到所遇到的每个人、每件事上，绝无例外。

五、临睡前，再花五分钟的时间，读一遍练习卡前后的文字，反省一下当天练习的感受与结果。

（你也可以邀请一位朋友与你一起操练十八天，你们可以相约每天见面或电话分享当天的练习心得十五分钟左右。结束前不妨朗诵一遍第二天的课程。）

第一章
改写一生的迷你课程

这为期十八天的迷你课程，是为了疗愈人际关系而设计的，它的目的是带给人心灵的平安。在这貌似疯狂的世界里，人与人之间充满了冲突、幻灭、失望，令人常有难以为继之感。

大多数人一生都忙着预测未来的吉凶，想要控制自己的人生，纵然投入毕生心血，依旧无法如愿以偿。所得到的，反而是层出不穷的痛苦、挫折、沮丧，最后一蹶不振。

本书的宗旨，是要帮助我们明白，我们对自己、对他人，以及对世界的看法和观感，是有选择性的。我们想活在平安或冲突中，全凭自己的选择。我们想活在爱中或恐惧中，更是操控在自己的手里。

本书提供了具体的指导原则,其别具意义之处,就在于运用在个人的日常生活中。凡是有心训练自己起心动念、追求心灵平安的人,书后所附的练习卡,能够为你提供一个最好的人生坐标。

书中有些原则或者练习也许会让你感到难以接受,甚至认为它们与你眼前的问题毫不相干。这是初学者常遇到的疑虑,然而,它妨碍不了你的学习,只要你真有愿心,而且能一视同仁,绝不排斥任何一课,你就掌握了成功的关键。唯有踏实练习才能带给你超乎想象的幸福感。就如同很多人在一生不同的阶段里，重温这一课程，常有起死回生之效。

信念体系与真理实相

我们相信什么，就会活成什么。我们所有的信念体系无一不建立在过去的经验上，我们担心未来会和过去一样，以至于不断把过去的经验拉回现在的场景。我们此刻的想法始终被过去的阴影所限制和扭曲，使我们难以看清此时此刻正在发生的事情。因此若非真有愿心，我们是不敢反省心目中的自己究竟是怎么一回事的。唯有踏出这一步，我们才有机会发掘自己更新而且更深的真实身份。

我们全是无限的生命

若想体验到这类无限的自由感,关键就在于我们能否撇下过去与未来的挂虑,决心纯然活在当下。自由,还意味着不受生理感官的经验世界所限制,如此我们才可能看到爱的临在而进一步融入世人所共享的大爱中。

我们可以将爱定义为"一无所惧"。所有的人都想活在爱中,但大多数人的爱的体验都是断断续续的。来自过于充满内疚的恐惧,阻碍了我们此时此刻给予以及接受爱的能力。我们不可能同时经验到恐惧与爱,而只能选择其中一个;如果我们选择爱的频率大于恐惧,不仅人际关系会大为改善,整个人生都会彻底改变。

攻击与防卫

我们一旦认为自己受到了攻击通常会保护自己,以直接或间接的手段"反击"。攻击通常发自恐惧的心,除非当事人感到威胁,否则他怎么会反击?他必然相信攻击才足以显示出他的力量,证明别人不堪一击。不论哪一种防卫方式，都会不知不觉地把我们的内疚与恐惧压抑到意识之下。攻击反倒使原有的问题雪上加霜，不得其解。

我们大多数人宁可相信，唯有攻击才能得到自己想要的结果，完全无视于"攻击与防卫不可能带来心灵平安"这一事实。我们若想活在平安而非恐惧中，首要之务即是改变自己的知见，决心把他人外表看似的攻击行为视为一种恐惧的反应。

我们的行为不是表达爱，就是表达恐惧。恐惧其实是求助的信号，因此也是求爱的呼吁。为此，我们若想活得平安，必须先明白，我们愿意怎么看待此事，自己是有选择余地的。

我们大多数人喜欢纠正别人的错误，纵然我们的批判具有建设性，其实无形中也成了一种攻击，因为我们想借此证明他们是错的，自己才是对的。因此我们需要常常反省自己的动机，自己究竟是在示范爱，还是在示范攻击？

别人若没有成为自己所期待的样子，我们就会为他定罪，因而巩固了我们对罪的信念。若想心灵平安，我们不能期待他人改变，只能接受他之所以为他的模样。真正的接纳常常是无条件也无所期待的。

宽恕

本课程的基本原则是：唯有操练宽恕，心灵才可能享有平安。宽恕即是放下过去的记忆，如此我们才有机会修正自己对某人或某事的错误观点。

唯有当下此刻，我们才有机会解除自己错误的观点。首要之务，先释放"别人对我们做了什么"或者"我们对他们做了什么"这类想法，通过"选择性的遗忘"，不再受制于过去的经验或误解，我们才能自由地迎接一个崭新的现在。

宽恕能切断内疚的恶性循环，重新以爱的眼光来看待自己、看待他人。宽恕能帮我们解除所有分化彼此的念头。只要我们不再相信分裂，我们便开启了自己的疗愈过程，还能将此疗愈之爱推恩给身边所有的人。于是，疗愈便自然转为合一之念。

当我们将心灵平安奉为此生的唯一目标，宽恕就成了我们的唯一任务。一旦接受了这一任务与目标，我们自然会转向内在本有的智慧之音，寻求指引。直到别人从我们的偏见与误解之牢狱中解脱出来，我们才可能自由地与他们结合于一体之爱。

施与受

千万不要忘记,"当下"含有我们所需要的一切,因为我们存在的本质是爱。如果我们期待别人来满足自己的需求,那么唯有他满足我的愿望时,我才可能爱他;他若令我失望,我便不喜欢他,甚至恨他。我们常常与人建立这类爱恨交织的关系,不断交换有条件的爱。这类"有所求"的心态,无可避免地导致内心与外在的冲突,令人们怒目相对。

反之,给予的心态一定会带来心灵的平安,以及超乎时空的喜悦。给予,是指无条件,也无期待地给出爱。当我们的焦点只是纯粹的给予,而不指望任何回报,也无意改变对方时,我们才可能获得内心的平安。

心态的再造

为了帮你锻炼自己的心灵,不论在你独处或与人互动时,都不妨这样反问自己:

一、我究竟想要平安?还是冲突?
二、我究竟想要经历爱?还是恐惧?
三、我究竟想要成为发现爱的人还是发现错误的人?

四、我究竟想成为爱的施予者？还是爱的索求者？

五、我这种沟通方式（无论是语言的、非语言的）能传达给对方爱吗？我自己能感受到爱吗？

我们的念头、所说的话，以及行为表现，通常缺乏爱的气氛。我们若想活在平安中，务必在与人交流时，给人休戚与共的感觉。心灵若想平安，我们必须让自己心口如一，言行一致。

该剔除的口头禅

若要恢复心灵的平安,我们还应认清自己常用的词句所造成的影响,我们常不自觉地使用下列的字眼,向自己与他人传递自我限制的讯息,这些字眼会加深我们自身对过去的内疚,以及对未来的恐惧,因而强化了内心的矛盾与冲突。只要我们认清这些字眼的负面内涵,以及它对心灵平安的杀伤力,我们就不难将它们从自己的念头和言辞中剔除了。

你不妨假想一下,自己脑海中有一块黑板,每当你使用了这些字眼,就想象它们呈现于黑板上,然后你立即将它擦掉即可。

做此练习时,你若发觉老毛病又犯了,请待自己仁慈一点,不要内疚、自责。每次看到自己重复使用这些自我限制的字眼时,只需当成一个有待修正的小毛病,然后继续练习下去。

以下就是可能限制我们想法与成长的字眼:

不可能

试试看

假如

很难

应该

不能

限制

但是

不能不

怀疑

凡是把你或别人限定于某一个框架、某一种尺度下的字眼,都可加入这一清单。任何比较性的字眼,对自己或别人的论断,或定罪之辞,等等,也请列入。

《迷你课程》的基本精神

一、时间的主要目的,即是给我们机会去选择自己所要经验的人生而已。我们究竟想要经验平安还是冲突的人生?

二、所有的心灵都是一体相通的。

三、感官的认知不仅仅限制,并且还扭曲了我们对真相的了解。

四、我们无法改变别人或周遭的世界,但我们可以改变自己对世界、对别人,以及对自己的看法。

五、我们只有两种基本情绪,一是爱,一是恐惧。爱才是我们的生命真相,恐惧只是心灵虚拟出来的感受。

六、所有的经验都是自己心态投射出来的,我们的心态如果很健康、平安而且充满了爱,这些感受就会显示于外,形成我们经验到的世界。如果我们是以自我为中心,充满矛盾与恐惧,它们也会投射于外,而成了自己所经验到的世界。

结论

《迷你课程》的基本精神足以疗愈人际关系,带来心灵的平安。课程内容的实际运用,能彻底改变我们的人生观,让我们不再活在分裂、害怕与冲突之中。它会将人类导向合一、平安与爱的境界。当我们学会宽恕世界以及世上每一个人时，我们的心灵便已痊愈了。于是世上每一个人，包括自己在内，都显得完美无瑕了。

生命中每一刻都可能成为当下觉醒或重生的新机缘，彻底摆脱痛苦的过去或未来无谓的骚扰。在这自由的一刻，我们终于能将生命爱的本质推恩给周遭的人了。

只要我们锲而不舍地放下恐惧而选择爱，我们的生命就会脱胎换骨，超越生理官能与知见的种种限制，体验出我们原是一体的大爱。

这一本《迷你课程》可以帮我们清除挡在爱前面的障碍，让那不曾失落的生命本质发光发热，如此，我们方能随顺众生，真诚地与人互动。于是，爱就会和呼吸一样，成为我们生活中最自然的表现。

最后，我们不妨用《奇迹课程》的名言："教人爱，因为爱是我们的存在本质。"作为课程的总结。

第二章

每日一课

每天用这张练习卡提醒自己:

我究竟想要平安还是冲突?

我若想要活得平安,只能全心给予;我若渴望冲突,必会患得患失,总想占些便宜。

当我与人互动之际,记得反问自己:我这种表达方式,对别人或自己算有爱心吗?

*

第 *1* 课

我绝不是为了我所认定的理由而烦恼

我总以为，自己之所以烦恼是因为他人做了什么，或者都是非我所能掌控的外境和事件所害的。我的烦恼可能表现为愤怒、嫉妒、怨恨或沮丧。其实，它们全是恐惧的化身。然而，我有选择爱或恐惧的能力。就在我把爱推恩给他人之际，我已选择了爱，恐惧自然销声匿迹，烦恼再也无从升起了。

这一整天，每当恐惧升起时，愿我提醒自己，即使在这样的处境，我仍能看到爱；并且对自己说：平安只可能出于我内，它不可能来自其他地方。

✷ ✷

第2课

我决心以不同的眼光去看事情

我大半生都活得像个机器人,别人所说的话或所做的事,都会触动我的情绪按钮,让我身不由己反应强烈。如今我总算明白了,我的每一个反应都是出自我的决定。我要锻炼自己的抉择能力,用爱的眼光,而非恐惧,看待所有的人与事,这才显示我是自由的。

每当我忍不住用恐惧的眼光去看时,我要坚定地复诵下面这句话:我不是机器人。我是自由的。我决心以不同的眼光去看事情。

* * *

第3课

只要放下攻击的念头,我就能由眼前的世界脱身

今天，我终于认清了，我的攻击念头其实是在攻击自己。当我以为反击回去才能如愿以偿时，愿我莫忘，第一个受到打击的永远是我自己。今天，我不想再伤害自己了。

这一整天，当我又起了攻击念头而伤害自己时，我愿坚定地告诉自己：此刻，我只想要心灵的平安。我乐于放下所有的伤人念头，选择平安。

* * * *

第4课

我不是眼前世界的受害者

我在内心看到什么，就会在外境看到那种世界。如此，我必会把内在隐藏的念头、感觉和态度投射给世界。今天，我要用另一种眼光去看，因为我想要看到不同的世界。

今天，每当感到自己是受害者时，我应不断地提醒自己，只有我的慈心善念才是真实的。即使遇到这个_____（事情），或和_____（人名）在一起，我也愿意守住自己的慈心善念。

* * * * *

第5课

还有另一种看待世界的方式

我若透过恐惧之眼去看世界,世界必会显得阴森可怖。然而,还有另一种看待世界的眼光。我可以选择这一眼光,去看自己熟悉的人与事,好似第一次会晤。我一旦卸下过去的恐惧,便会体验出周围的一切竟然如此美丽,安然,充满喜悦;身边的人原来是我生命的一部分。

每当我感到恐惧,我会说:此刻正是把你………(名字)和我从恐怖的世界中释放出来的一刻。只要同心一意,我们必会一起看出世界充满了爱。

* * * * * *

第6课

即使在这件事上，我仍能看到平安

大多数时候，我所看到的世界都是支离破碎，而且荒谬无比。日常生活中的点点滴滴，不过反映出内心的混乱而已。今天，我要用一种新的眼光来看待自己和周遭的世界。

每当我感到自己的平安和宁静受到威胁时，我要这样告诉自己：我宁愿看见平安的一体之境，也不愿看到恐惧的分裂状态。

****

第7课
没有什么好怕的

世界在慈爱的慧眼下显得焕然一新,我再也没有什么好怕的了。我不可能同时经验到爱和恐惧。当我恐惧时,我是不可能感到平安的。

今天,我只愿经历爱,我要随时提醒自己:没有什么好怕的。

****

第8课
你没有任何恐惧的理由

纵然我的心常会为过去的恐惧与未来的幻相操心,其实我只能活在当下此刻。这一刻何其珍贵,它与其他任何一刻大不相同。纵然成长与圆满的机会俯拾皆是,但没有比"此刻"更好的时刻了;也没有比"此地"更好的地方了。最好的时机莫过于当下。

今天,当我情不自禁又掉回过去或未来时,我愿这样提醒自己:我是可能一无所惧地活在此时此地的。

* * * * * * * * *

第9课

施与受在真理内是同一回事

施与受既然是同一回事,故两者必是同时发生的。我给出什么,就会得到什么。这一观念适用于此生任何境遇和人际关系。

在这一天,我只想活在平安与爱中,因此,我默默地对自己遇到的每一个人说:让我把平安和爱献给你,如此,我才可能将爱和平安带给自己。

* * * * * * * * * *

第 *10* 课

宽恕是幸福的关键

*

我若定别人的罪，只会加深自己的罪咎，感到自己毫无价值。除非我心甘情愿地宽恕别人，否则我是无法宽恕自己的。无论我认为别人对我做了什么事，或者我自己做过什么，全都无妨，只要宽恕，我就能彻底摆脱罪咎和恐惧的束缚。

今天，我决心彻底放下过去对自己和他人的错误看法，我愿与所有的人同声说道：愿我在真宽恕的光明中重新认识你和我自己。

* * * * * * * * *

第 *11* 课

我所给出的一切,都是给我自己的

* *

我曾经误以为我能把自己不要的东西丢给别人，我错了！我若想要平安、爱和宽恕，就必须先给出同样的礼物——宽恕与爱，不再伤害任何人，这称不上是施舍——因为唯有给出爱，我自己才可领受到爱。

今天，无论遇到什么人，什么事，我都要告诉自己：我所给出的一切都是给我自己的。并且自问：我现在给出的是我真正想要的吗？

* * * * * * * * *

第 *12* 课
不设防就是我的保障

* * *

时时怀着防卫心态来应付这伤人的世界，注定无济于事，因为防卫心态只会让你更加感受到自己不堪一击。只有心怀恐惧的人才会随时全副武装保护自己，全然不知自己早已落入"攻击复防卫，防卫复攻击"的恶性循环。唯有不设防才能彰显出心灵具有百害不侵的力量。今天，我终于明白了，所有的防卫措施都保护不了我，只会带给我相反的结果。

今天，当我感到威胁来临时，我要提醒自己：我的安全和力量来自我的不设防。今天，我决定把自己的脆弱感抛诸脑后。

* * * * * * * * *

第 *13* 课

今天,我不再评判任何事情

* * * *

过去,我不知道自己的眼光何其有限,常常妄自评判周遭的人物或事件。然而,过去我自认为的困境与危机,有多少次成就了我转变知见的难得因缘。若非这些挑战,我永远也不会明白,生活中的每一个人与每一件事都再度给我一个机会,学到此生必修的功课。

今天,我要不带评判地看待一切,愿我不断提醒自己:每个出现在我生命中的人都值得我爱,无须我的评判。

****

第14课

当下此刻才是唯一存在的时间

*****

正是过去的阴影与它投射出的未来，使我此刻的心灵无法活在平安中。平安无法由过去或未来觅得，它只存在于现在，也就是当下这一刻。过去已逝，未来杳不可寻。

今天，我决心放下过去与未来交织成的幻境，全然活在当下这一刻，我要不断地提醒自己：唯有当下这一刻，才是唯一存在的时间。

****

第 *15* 课

往事已矣,它再也影响不到我了

******

此刻，我若不断重温过去的经验，我就沦为时间的奴隶了。我若愿意宽恕，放下过去，心灵所扛的重担便会消解于无形。现在，我终于可以不受过去的羁绊，接纳当下的自由了。

今天，我要坚定地迈向自由，并说：我决心从过去的痛苦中解脱，只愿活在当下此刻。

****

第 *16* 课

只有我定的罪伤害得了我自己

****

只要我不定罪,就不受罪咎与恐惧的侵袭。我若以为自己伤害得了别人,必会相信别人也能伤害我。

今天,我要亲自接受宽恕,并把宽恕推恩给所有人,如此我就自由了。这一整天,我愿提醒自己:我不再定罪,且乐于把自己和他人从罪的桎梏中释放出来。

* * * * * * * * *

第17课

我是可以改变一切有害念头的

* * * * * * * *

我的心中存有有害的念头，也存有有益的念头，是我不断地在两者之间为心灵做选择，没有人能代替我做选择。我此刻是有能力选择慈心善念而放弃其他念头的。

今天，我决心让自己所有的念头都不受恐惧、罪咎和定罪的影响，不只对我自己，也为所有的人，我要不断地提醒我自己：我今天决心转变一切有害的念头。

* * * * * * * * * *

第 *18* 课

* * * * * * * * *

今天，我要对自己所思、所说、所做的一切负责，我选择放下恐惧，让今天所有的决定都发自于爱。

我今天只愿着眼于你的神圣光明，它其实是我内在之光的倒影。

第三章
心态疗愈法的基本原则

心态决定一切

我们感到满足或空虚、富裕或贫乏、快乐或悲伤、受人欢迎或遭人排斥，全凭自己的心态而定。心态有如生命之舟的舵，决定了我们一生的经历，它的影响远胜过我们所受的教育、聪明才智、专业技能、过去的成就、未来的憧憬，或是银行有多少存款，等等。由生到死，它左右了我们一生的人际关系。简而言之，它是决定我们一生幸福或冲突迭起的关键因素。近年来已有研究显示，正面积极的心态对老化的影响远胜于财富、性别，它甚至能降低我们的胆固醇，有助于延年益寿。

心态疗愈

心态疗愈法追根究底其实就是一套信念,相信我们这群凡夫俗子也有相互扶持的超凡能力,它相信不论身在何处,我们都有能力选择自己的心态。我们深深明白,自己此刻的烦恼不安,并不是过去或外在人物所构成的,它们出自自己对那些事件的想法、心态,以及判断,这才是我们焦躁不安的原因。

心态疗愈法旨在治疗我们的心灵与念头,在思想、语言及行为上达到和谐与统一,这是心灵平安不可或缺的因素。它的理念与方法是建立在放诸四海皆准的原则上,无需任何宗教信仰的支持，心态疗愈法足以发挥大用，让各国文化、宗教、灵修，以及各行各业的人们深受其惠。

心态疗愈法协助人们放下恐惧，以及过去的伤痛和负面的念头，它帮我们修正心中的妄念，清除心障而得享平安。我们一旦看清，自己如何紧抓着罪咎、诿罪及自责，又如何伤害自己的理性、感性、身体与心灵的健康时，我们就不会继续去惩罚自己和别人了。

心态疗愈法给予我们另一种面对世界与生死的眼光，教我们将心灵的平安立为唯一的人生目标，把宽恕当成此生的主要任务。它好似为我们开启一扇门，那清新的空气让我们得以自由地爱。

心态疗愈法重申，我们基本上是一个灵性的生命，它强调每一个生命与生俱来拥有爱的本质，而这爱的本质乃是全人类共享的人性。

心态疗愈法将健康定义为内心的平安，将疗愈界定为放下恐惧的心路历程。

心态疗愈法强调每一个生命从任何层面或角度来讲都是平等的，这平等性同时也显示在我们彼此互为师生的关系上。

心态疗愈法主张"宽恕乃是幸福之钥",它能治愈我们与世上所有人的关系以及和自己的关系。

心态疗愈法主张我们应放下恐惧,只保留爱,因为只有爱才能够答复眼前所有的问题。

心态疗愈法不告诉别人该怎么做,只提供他们不同的选择。

心态疗愈法深知我们的首要目标是平安,此生的主要任务是宽恕。

心态疗愈法提醒我们放下判断或劝诫,仅以同理心去聆听他人的倾诉。

心态疗愈法设定无条件的爱是我们生命的动力。

心态疗愈法主张沟通与交流的最高指标境界乃是合一。

心态疗愈法视幸福为无忧虑、无压力。它认为心灵的平安在于个人的选择。

根据心态疗愈法的经验，爱才是疗愈世界的最大动力。

心态疗愈法主张，引发内心冲突或愤怒的不是外境或他人，而是我们对某人、某事的想法、感受和心态。

心态疗愈法要求我们把自己与他人的行为视为慈爱或恐惧的反应，或是求助的呼吁。

心态疗愈法提醒我们，我们全都值得被爱，幸福不只是我们对自己的责任，它是生命最自然的状态。

心态疗愈法教我们明白个人选择的力量，我们必须为自己在思想，言语和行为上的和谐统一，以及心灵的疗愈负起全责。

心态疗愈法提醒我们，我们每天早上醒来可以下定决心，不再在思想，言语和行为上伤害自己或任何人。

心态疗愈法的主旨在于改变自己的心念与态度，而非改变他人的心态。世界和平必须由自己心内开始，当我们因恐惧而生出有害的念头时，若能选择心灵的平安取而代之，外在的世界必然随之改变。我们相信每一个人获得疗愈时，世界便会与我们一起疗愈。

心灵的平安

我们大多数人都怀有各种不同的人生目标，常常三心二意，不可能不引发内在的冲突。由此冲突衍生出来的行动，自然充满了混乱与焦虑，本课程相信人们是可能以心灵平安为此生唯一与首要之务的,只要我们选择和谐与统一作为思想,言语和及行为的指标,必然能够获得心灵的平安。

我们的心灵

心灵是一体相通的,而心灵唯一的核心即是慈爱之念,它渴望与人分享此爱。然而我们似乎还有一个分裂的小我之念,充满了恐惧、判断与愤怒。小我相信分裂,不信合一,使得我们大多数人整天都活在分裂意识中,常在平安与冲突两极之间摇摆不定。

心灵是无限的，只要发挥一点想象力，我们便不难找到另一种看待现状的方式。人间所有的问题，最终的解决方案就是爱，我们一选择爱，新的可能性便开启了。人生真理其实很简单，就是："我们在世间的种种经历，其实完全操控在自己的手里。我们究竟想要活得幸福还是想要证明自己是对的？我们在证明自己是对的时刻必然已判定别人是错的了。"

选择

人类共享的伟大天赋莫过于自由意志，也就是我们内心愿意享有哪种心态或念头的选择能力。即使我们未必操控得了外在事件，仍然能够选择自己看待它们的方式。我们可以修炼自己的心思，把焦点放在慈爱之念而非恐惧念头上。我们只要意识到自己永远有选择能力，便不再受恐惧的束缚而从中解脱。

爱的障碍

甲：小我的目标

小我其实就是我们打造出来的自己，这种自我认知对我们的成长非常有用，它是根据过去的人生"功课"（尤其是痛苦的经历）累积而成的，它让我们对人生充满了不安。

小我的信念体系是：过去的惨痛经验必会卷土重来，因此，未来一定是可怕的，现在是不可靠的。它的出发点永远是恐惧与匮乏，觉得世上没有足够的爱，只有少数幸运者能获得爱的青睐。我们无须与小我为敌，但也绝不可忽略，小我确实是靠分裂之境的冲突与攻击念头而存活的。我们也要牢记另一个重要的事实：小我是不可能与别人结合于爱中的。

小我的目标就是勾起内疚、指责、恐惧等情绪，使我们陷于冲突、消沉之中，变得不快乐。它会想尽办法封闭我们的心灵，让我们相信，我们理所当然应该发怒。而且唯有反击回去，拒绝宽恕以及自我诅咒，我们才可能达到原有的目的。

小我本能地会把自己犯错的责任投射到别人身上，只要一出状况，我们不难找到可怪罪之人，如此，我们怎么可能找到自己想要之物？唯有当我们的注意力不再置于小我之上，逐渐转向爱时，内在的愤怒与攻击念头才可能消失。

小我的另一个目标即是在我们心中种下不断想要控制别人的欲望，它让我们相信，幸福只可能来自身外之物。

在小我的心中，爱永远是有条件的，属于一种交易行为。它让我们相信，只有金钱与物质享受能带给我们快乐与安全。问题是，不论有多大的成就或拥有多少金钱，我们永远不会满足。

只要一聆听小我之言，我们便意识不到爱的富足。爱其实足以包容所有的人，虽然表达爱的形式如此不同，但它们都是针对个人的需要量身订制的。

乙：谴责与内疚

不论是抓着内疚不放或者投射到别人身上，不只造成我们与他人的分裂,也会与自己爱的本质分裂。这绝不是说，我们或他人不必为自己的言行后果负责；我们当然得为自己负责！这也不表示我们可以违背良心做事。它只是说我们得为自己脑海里的念头负责，因它左右了我们对世界的看法。

我们随时都能选择放下谴责与内疚，因为它们出自我们的信念体系，我们才是它的主人。我们之所以受尽内疚与谴责之苦却始终难以放下，只因我们过于看重它们的价值，纵然它们的价值只是害我们饱受其苦而已。它使我们无法体验自己爱的本质，还不断地把爱推开。我们明知内疚与谴责只会延续痛苦，为何还是紧抓着不放？许多人一生都活在内疚与谴责中，只因在我们心灵深处不相信自己配活得幸福。只要改变这一潜藏的信念，我们的人生必定全然改观。

丙：受害心态

相信自己是受害者，感到自己遭人背弃，我们才有借口继续愤怒或攻击下去。但我们随时都可选择不做受害者的，我们只需认清这一信念的虚妄，不再相信自己是过去处境或他人的牺牲品，这一刻的觉知便会切断过去的恶性循环。

我们此刻如何看待过去那些经验，这才是影响我们一生的关键因素。眼前的烦恼，都离不开此刻对过去的想法与心态。虽然我们对过去发生的一切已经无可奈何，但此刻心中的想法却仍掌握在自己的手中。因此只要我们此刻不再扮演受害的角色,我们便已疗愈了过去的沧桑。所有的疗愈都发生于当下此刻而不在过去或未来。只要我们决心放下痛苦的过去,剩下的就只有爱了。

丁:宽恕

使我们经验不到爱也无法与人分享爱的最大障碍,莫过于坚持不宽恕的念头与心态了。愤怒没有疗愈的功效,判断只会破坏合一,宁做受害者的人是不可能活得幸福的。

近代科学研究都已证明,烦恼、怨恨或愤怒所引发的情绪,不只会危害心理健全,更会危害生理的健康,愤怒的毒气足以伤及身体每个器官。宽恕并不表示我们容忍他人的伤人举动，或是对残酷的现实熟视无睹，更不表示那些人不必为自己的行为负责。宽恕其实属于个人内在的心境，不是针对外在任何事件而发的，它是我们给自己的礼物，是将自己从心牢释放出来的唯一途径。宽恕别人不只释放了别人，我们迟早会发现，被释放的囚犯原来是自己。

我们必须先宽恕，才可能诚实地问自己，对那个事件或那个人，我该如何去看，或该说什么，该做什么，只有宽恕能把我们领到无条件的爱那里。无条件的爱并非认同他人的疯狂举止，它代表一种心灵境界，在那儿，我们每一个选择都是出自真心的爱，而非恐惧。

宽恕的一个关键要素就是相信,不论别人做了什么,或是自己做了什么,都是值得宽恕的。另一个要素则是宽恕的愿心,而且认清宽恕对自己或别人的无上价值。宽恕还能帮助我们清除判断、恢复心智的清明,我们才可能做出爱的决定。宽恕确实是开启幸福之门的金钥。

抉择

心态疗愈法认为人类只有两种情绪:爱与恐惧。恐惧包括了我们投射在他人及自己身上的怒气、怨恨这类可怕的情绪。我们不妨扪心自问:我通常是怎么做决定的?我的决定究竟是出自爱还是出自恐惧?

我们的决定大多基于过去的恐惧。我们若选择爱,便会经验到爱;若选择恐惧,就会经验到可怕的后果。心灵是可以训练的,我们是可能做出爱的选择,不必一直活在恐惧中的。由于我们早已习惯由恐惧出发,因此更需要用心地练习信任爱的引领。一旦能与更深的自我连结,经验到真正的自由与一体境界,那么,选择爱,对我们来说就成了轻而易举的事了。

聆听

爱就是聆听，聆听即是爱。只要我们怀着无条件的爱去聆听，过去所养成的判断及扭曲不实的经验便会消失得无影无踪。我们能给别人的最大礼物，莫过于内心的平安与无条件的爱，这表示我们已能放下判断，聆听别人，不再老是打断别人说话了。

冥想与静心

忙乱的心与做不完的计划，最容易打乱心灵的宁静了，切莫不可低估了它们的影响。印度有句古谚:"忙乱的心是有病的;迟缓的心是健康的;宁静的心是神圣的。"

即使在混乱的处境中,我们仍可认出平安与宁静的重要。我们若能在一天之始花点时间静心,就是给自己和别人最大的礼物。你若想让自己的心整天都充满爱,不受判断和烦恼的干扰,那么,学习最契合自己文化背景的冥想或祈祷方式,不失为一大助缘。

在一天里,每当内心的平安好似被他人的言行挟持时,我们不妨重发一次当天的初心,再次静化自己的心,选择平安,放下冲突。平安便会返回我们的心中。

健康

在心态疗愈法中，真正的健康不只是不受疾病所苦，它是指心灵的平安。而真实的疗愈，也不过是放下恐惧而已。即使在极困难的环境中，不论身体或外在世界经历到什么，我们内心仍有潜力选择平安，因为我们所经验到的世界完全是根据自己的心态而定的。

目前已有科学证明，怀着爱心与宽恕度日，对我们的健康有莫大的好处，反之，我们若习惯活在烦恼、愤怒与判断这类负面情绪之中，健康必会受损，严重地延误了疗愈的时机。一定不要轻视和忽略我们的念头与心态对身心灵的影响，不论活在何种环境，不论外表看起来多么困难，我们永远都可能选择心灵的平安的。

爱是为每一个人的

我们每一个人都能为世界尽一份心力，

只要我们教人爱，而非恐惧，

不再冷漠地度日，

放下一切私心，

决心为彼此照亮前程。

只要我们让自己的心在慈悲中跳跃，

只要相互关心，彼此扶持，成为我们此生唯一的目标，那么，我们已为世界尽一份心力了。

只要施予、仁慈、耐心、感恩及温柔成为每日的祈祷；

只要我们透过我们的思想，言语和行为，

将爱与宽恕当成自己献给世人的礼物。

当我们将生命献给喜悦，

将心灵融入平安，

当我们为人类奉献自己的一生，

我们每一个人都能为世界尽一份心力。

只要我们尽己所能，向人证明：

人间每一个生命都是值得爱的。

作者简介

杰拉尔德·扬波尔斯基博士（Dr. Gerald Jampolsky）毕业于斯坦佛医学院，是儿童暨成人心理医师，开创了"心态疗愈法"。自1975年建立第一个心态疗愈中心，如今已有无数独立运作的心态治疗中心与互助团体散布于世界各地，矢志为绝症儿童与成人提供义务服务，在情绪与灵性上给予他们必要的支持，协助他们穿越疾病与家庭关系的种种挑战。

黛安·石云雄博士（Dr. Diane Cirincione，简称石黛安

博士）集治疗师、企业家、作家与演讲家等头衔于一身，她不只拥有医疗心理学的硕士与博士学位，还有"组织行为"的学位，她先后创建并拥有六家公司，也是国际心态疗愈组织的创始人。

扬波尔斯基与石黛安博士如今继续任职于夏威夷大学医学系。在过去三十多年中，他们曾与近六十个国家、十余种不同文化背景的人士进行学术心理交流及密切的合作，接受过无数国际人道组织的奖章。2005年，美国医学协会为感谢他们对人道精神的贡献，肯定心态疗愈中心对世界的影响，给他颁发了"医学杰出贡献"奖章。

扬波尔斯基与石黛安伉俪情深,如今定居于北加州与夏威夷。

若想进一步了解作者与"心态疗愈法"的近况,详情请见:**www.ahinternational.org**

也欢迎您与我们联系:
地址:Attitudinal Healing International One Gate Six Road, Suite E
　　　Sausalito, California, 94965-3100 USA
电话:1-415-729-9127
info@ahinternational.org

图书在版编目（CIP）数据

改写一生的迷你课程 /（美）扬波尔斯基，石黛安著；
若水译. —北京：中国青年出版社，2015.3
书名原文：Mini.course for life
ISBN：978-7-5153-3196-6
I. ①改… II. ①扬… ②石…③若… III. ①人生哲学 - 通俗读物
IV. ① B821 - 49

中国版本图书馆 CIP 数据核字（2015）第 050002 号

A Mini Course for Life
Copyright © 2007 Garald G.Jampolsky, MD, Diane V.Cirincione, Ph.D.
All Right Reserved.

北京市版权局著作权登记号：图字 01-2015-1202

改写一生的迷你课程

作　　者：[美] 杰拉尔德·G. 扬波尔斯基　／著
　　　　　[美] 石黛安博士
译　　者：若　水
责任编辑：吕　娜

出版发行：中国青年出版社
经　　销：新华书店
印　　刷：三河市万龙印装有限公司
开　　本：787×1092 1/32 开
版　　次：2020 年 5 月北京第 2 版　2020 年 6 月河北第 1 次印刷
印　　张：4.5
字　　数：100 千字
定　　价：36.00 元
中国青年出版社 网址：www.cyp.com.cn
地　　址：北京市东城区东四 12 条 21 号
电　　话：010-65050585（编辑部）